家的模样

日系美宅开放式收纳术

日本主妇与生活社/编著
牛冰心　陈兵/译

中国青年出版社

Prologue

序言

收纳不等于收藏、整理

随着生活中日用品的不断积累，
无论是谁都会有一些即便不用也不舍得扔掉的物品。
如果都能放在触手可及的地方就太方便了。
那么什么样的收纳方式既能让心情舒畅，
又能够从费时费力地存放和翻找物品中解放出来呢？
我们认真努力地寻找答案。
如果将日用品放在触目可及的地方，
能否作为漂亮的室内陈设物呢？

经过众多家庭的反复尝试，
我们总结出了一些方法和技巧

致所有持有如下想法的人：

不用深度收藏物品，不用翻找物品。

整齐而不混乱。

居室空间中的任何地方都不闲置。

为了达到满意的效果，在想尽各种方法尝试之前，

首先请翻开这本书看一下。

Contents

目录

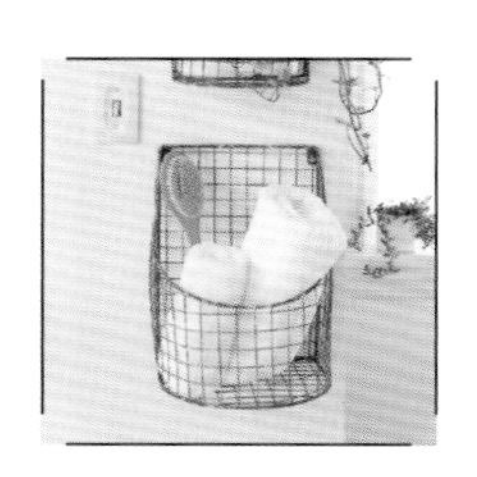

“整齐而有条理的居室”，真的正确吗？

Chapter_01

● 厨房收纳空间的分类整理术

● 感受装饰性收纳风格

● 收纳整理不再是家务活

● 开放式收纳让家更自由

从“收纳”这个词语联想到的居住空间

是利落有序、物品精简，居住环境舒适恬人的，

收纳是为了让人住得更加舒适而进行家务整理的一种方法。

将钟爱的日常用品放在触手可及的地方，却丝毫感受不到杂乱；

将家人喜爱的装饰品置于日用品周围，达到巧妙得共存。

本章以4个家庭为例，分别介绍他们如何将收纳方法运用到实际生活中。

摄影/石川奈都子 矶金裕子 仓光洁 志和达彦 取材/伊藤嘉津子

存放太久的物品基本不会再使用，
首先从厨房开始的收纳术！

厨房收纳空间的分类整理术

兵库县 · 田中家

厨房 Kitchen

1 架子内侧的死角空间，采用吊挂方式处理。
2 吧台窗框上方安装卡环固定了PVC管，作为横杆用来挂一些量杯。
3 使用吊挂式陈列有利于自然干燥，防止滋生霉菌。
4 托盘和菜板竖立放入筐中，避免被轻易碰倒。
5 留下给孩子们买鞋时的鞋盒，经装饰后可以存放一些做便当时使用的餐点装饰品。
6 玻璃罐饮水机的设计使人如同置身于优雅安静的咖啡馆。孩子们也更乐于自己倒水喝，减少了妈妈的负担。

在男主人组装的架子上，摆放着铝制容器和其他餐具，都是妻子钟爱的各式器具，这样的厨房使用起来也非常方便。

将使用的物品放在身边，
不依赖收纳家具的实用技巧宝典。

这是一个四口之家，成员包括妻子、丈夫和两个男孩。考虑到家人的性别因素，室内装饰风格偏重男性化。

餐厅 Dining

A

1

2

3

1 小抽屉的支柱使用长螺栓，六角螺母固定架板。

2 使用18L食品盒的盖子做抽屉，可以收纳文具和学习用品。

3 纸巾盒也可以手工制作。

B

1

2

3

1 使用装零食的铁盒作为小架柜，将木棒贯穿铁盒作为木轴，请参考图中的这个小技巧可以作为参考。

2 扫帚和卷纸的收纳也很有技巧。

3 有效利用吧台一边的墙壁。

C

1

2

3

1 PVC管的材质和结构使其重量适中且能平稳放置，将其表面涂成黑色，可放入遥控器。

2 将电缆木轴中间的木板拆掉一部分，可以做成放置杂志的书架。如果把木轴顶部的螺栓拧松一点，还可以进一步将其分解。

3 用电缆木轴改造为茶几构成的读书角。

客厅 Living

收放药品和封食品袋口使用的皮筋等日常用品的角落。

“回想一下是在5年前刚刚搬进别墅的时候，想将餐厅装饰得像咖啡馆一样浪漫、温馨，就为每个家人制作了一份独特的托盘，这就是最初的开始”。以把这些托盘摆放在置物架为契机，田中先生的DIY收纳真正开始了。

田中先生收纳的宗旨是将使用的物品就近放置在合适的地方。厨房当然是如此，餐厅里的扫除角也是很好的实例。孩子们正值调皮捣蛋的时期，即便吃饭时将饭菜散落一地，也能很轻松地收拾干净。玄关和卫生间离得非常近，所以打扫卫生不会感到棘手。整个设计在重视方便性的同时，观赏性和时尚性也非常出色。对空罐和其他物料有效利用的方法独具特色，大量的技巧和工艺让人自然而然地想去模仿。

“经常是想起来就做，有时候会失败”。但是，作为家庭清洁用具或日用品进行的收纳设计，一旦成功非常有成就感！

1

1 根据罐子的高度制作木架。
2 去掉罐子的底部，将其横向利用的想法很新颖。
3 剪开装零食的铁盒，开口处用木板固定，可以用于放置药品和口罩。

2

3

夫妻二人通过反复实践，
总结出一笔记本的装饰技巧！

感受装饰性收纳风格

干叶县 · 伊藤家

儿童房 Kids space

将墙面做成收纳区域既节省空间又具有较高的使用率。兼具儿童桌功能的柜门，选用与地板同样的松木材质，非常结实。

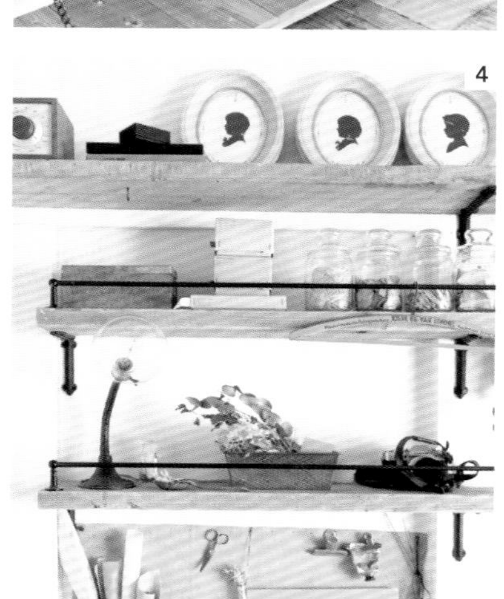

1 桌柜两用的收纳家具，可收纳玩具和学习、绘画用品。

2 门板由合页和铁链固定。

3 固定在墙壁上的木板是妈妈用的桌台。

4 墙壁上的收纳袋用皮革制成，依靠细钉加以固定。

伊藤夫妇自己动手对这座已建成49年的公寓房进行装修。“布局为两餐一厨，壁橱只有7.3m^2。收纳成为瓶颈，决定自己动手改建装修”。

二人的目标是尽可能在不缩减居住空间的条件下，解决收纳不足的问题。儿童活动空间中需要对不断增加的玩具进行收纳，节省空间。由于翻盖门可用作桌面使用，所以不必放置占用空间的儿童桌，从而有效地节省了空间。门翻开后，玩具一目了然，便于孩子们取放，也在一定程度上有利于培养孩子们整理收纳的习惯。门关上后，立刻又变成整洁的储物柜。

厨房的吧台使用可以增减的木箱，以便解决收纳不足的问题。无论是厨房还是儿童房，几乎将装饰品和日用品都放在一目了然的位置，具有缓解压力之效。一眼望去就能感受到满满的幸福。

玄关 Entrance

1 拆除鞋柜，改装成开放式鞋架。为了避免撞到鞋架横板角，把面板前方的直角锯出斜度。

2 为了遮挡厨房入口制作的装饰架。

3 绳子固定在螺丝挂钩上，可挂钥匙和小物品。

“盛放调料的玻璃罐整齐地放成一排，精致可爱。”
二人经过反复讨论后装修设计的厨房空间，
达到了赏心悦目的效果。

固定在墙壁上的架板是厨房的主角。

厨房 Kitchen

A

夹子固定在木板架的挂钩上，可以夹放菜谱。相比直接放在吧台上，既节省空间还能保持菜谱的清洁。

B

选择简约式的抽烟机。令人惊喜的是抽烟机顶部可用来放置锅具。

C

1 试管里装着各种香料。

2 倒置的玻璃罐也很漂亮。

D

木箱内侧用来收放锅碗瓢盆等。为了提高利用率，还增加了横竖向的隔板。

E

水槽边柜架上端的木箱带有滑轨，柜架下端的木箱带有脚轮，收放方便。

F

利用亲手制作的柜架挡住从玄关进入厨房的入口。将柜架背景板涂成与冰箱相同的颜色，专门用来摆放玻璃杯。

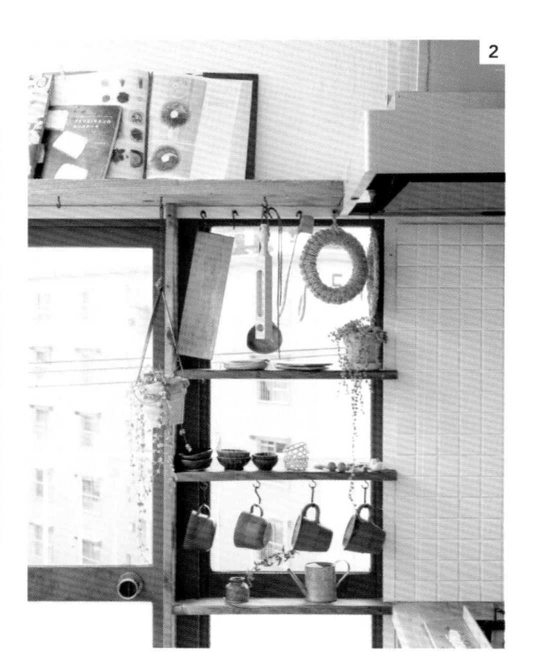

1 烹饪杂志放在窗框上展示，并随时可以翻阅。

2 在窗子固定的一侧定制了严丝合缝的架子。

墙壁和房顶粉刷日本涂料为油漆，地板的材质为木质，吧台也使用木板制作而成。

如果装修实现了“可偷懒收纳”，这种想法就会变得自然而然。

收纳整理不再是家务活

山口县 · 铃木家

这座古民宅的房龄已有100年。左侧壁龛里陈列着各种DIY工具，右侧壁橱的推拉门上挂着钢丝网，可用来挂清扫用具。

客厅 Living

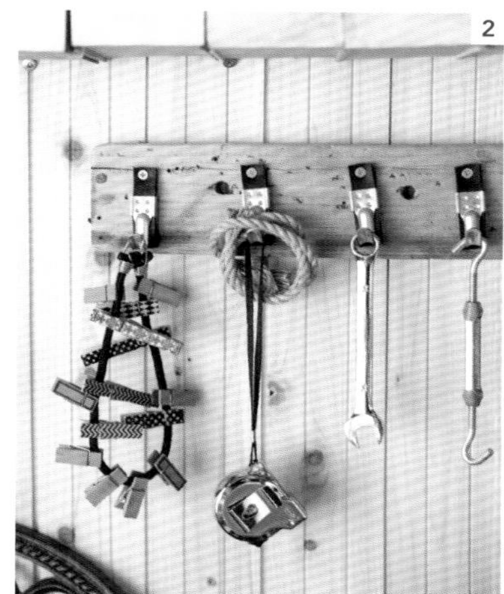

1 用螺丝钉做小抽屉的把手，剪刀可挂在螺丝钉上。
2 利用捆包的固定金属件做挂钩。
3 装涂料的瓶子像牛奶瓶一样可爱，装在手工做的微波炉形状的小箱子里。
4 固定抹刀用螺丝钉，利用抹刀的平面将其竖立，想象力令人惊叹。
5 空油瓶里装入钉子和螺丝，再将瓶子都挂起来，这样可以便捷地取出需要的物品。
6 育苗用的苗箱可作为收纳工具的托盘。

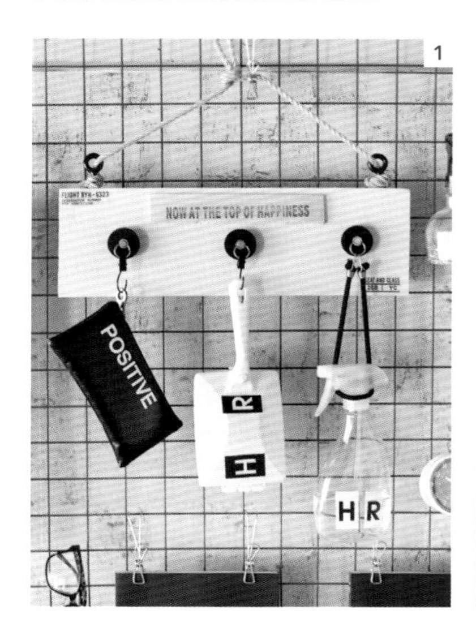

1 使用木板和浴缸的橡皮塞创作出新颖的挂钩。
2 装杂志和儿童日用品的收纳柜，是利用海边捡到的漂流木制成的。
3 钢丝网可以用来挂眼镜和书等物品。

兼具配餐及操作台的一角，利用砖头和木板制成的架柜成为展示收纳的舞台。

厨房 Kitchen

实际上，铃木先生是执着的断舍离一族。“单身时的房间里，只有电视、桌子、被褥、衣服。但结婚后，由于家庭成员的增加，室内陈设发生了改变。”

收纳从抽屉开始改善。将物品放入抽屉后，经常会忘记里面有什么，不喜欢这种恶性循环，便想将物品展现出来，为此特别制作了有趣的展示空间。而且自此以后，无论是去“100日元”店，还是五金店，寻找有助于收纳的物品已成为一种习惯。例如一开始关注浴缸水槽的堵头，会有一些新颖、奇特的想法，但更重要的是如何使新创意的物品使用便利并能很好地融入室内环境。“可视化的收纳虽然有助于家里人知道东西放在哪，但也不可能对所有东西都一清二楚。所以我转变想法，把这当作一项兴趣去享受展示性收纳的过程”。收纳整理不再被看作是家务，而是作为改变室内装饰设计的一种方式来分享。

A

C

B

A 把做便当用的小器皿分开放置。在装便当时可轻松取出，节省找物品的时间。
B 架子用绿色植物来装饰，可以起到放松心情的效果。
C 架子前面贴上挡板既能够遮挡杂乱，也很时尚。
D 使用铺地支架支撑木箱。木箱下方的空间也可以用来收纳。
E 柜架顶部用于通风的装置板可以取下来清理。

D

呆在家里时间最长的是女主人，
空间设计的理念是能够轻松自如地清洁、整理房间。

餐具柜上半部分为开放式收纳，在这样的厨房内行动既方便，又使用便利。

F

将小桶放入篮筐既时尚，又能增添一份温馨。

G

使用里侧为锡箔纸的袋子保存蔬菜。袋子的封口处带有胶带使用更便利。

H

更换咖啡和矿泉水的标签能够缓解生活中纷繁杂乱的感觉。小苏打和洗涤剂也更换了容器。

I

精心挑选黑白色调的容器和木纹肌理搭配，消除了混乱的感觉，看上去也很别致清晰。

J

活页夹作为拌饭用的佐料收纳袋，有效地利用了缝隙空间，也不必担心佐料洒出来。

厨房 Kitchen + 餐厅 Dining

家里客人较多的时候，经常采用自助用餐的形式。

开放式收纳让家更自由

福冈县 · 山本家

在形似小酒馆的空间里休憩，围坐在厨房对面男主人手工制作的榻榻米桌旁，可以自由交流。

1 经常使用的餐具可以放在吧台上。餐厅的一侧用铁丝网门固定在木架上。
2 从餐厅和厨房两侧都可以取放物品。

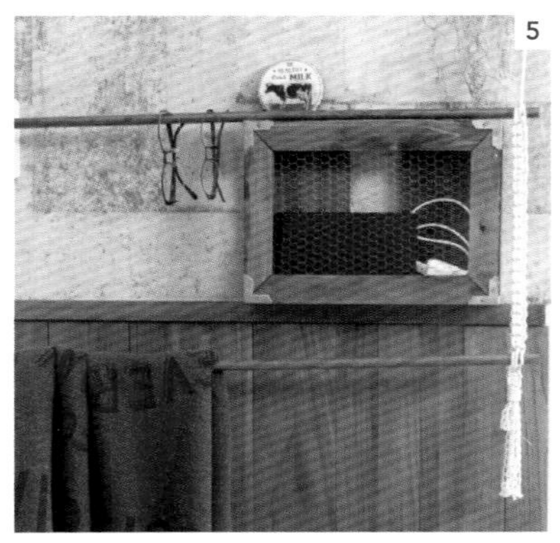

1 磁铁盒吸附在表面粘贴金属板的吊柜上。磁铁盒中的调料残留量一目了然。
2 挂烤箱手套的杆是织毛线用的针和针套。
3 利用灶台旁的空隙制作了架子，用秋千上的金属零件固定木轴做成的卷纸架别具一格。
4 放篮球的吊网是西山先生亲手编制而成。
5 从两侧都能够取放的木制盒子专门用来收纳较平的容器。
6 用带金属网的推车隔离垃圾桶有效防止宠物捣乱。

客厅 Living

楼梯口的宠物栏是利用通顶支柱做成的，右面墙壁的架子利用伸缩杆做成。

有时候最多有四家人同时相聚在山本先生家里。喜欢做料理的男主人自不必说，客人们进厨房也是常有的事。无论是谁进厨房都能够一眼就找到想要的东西，这样的厨房正是夫妇二人开朗性格的体现。

山本先生之所以自己动手改变家居风格样式，最初是为了修理被爱犬咬坏的餐桌。在经历将单调的房间变得充满复古风的过程中，体会到自己动手制作的乐趣，同时房间的收纳能力也得到了充分拓展。简单的柜架和小家具由女主人自己制作，当有大件做不了时再和丈夫一起合作更改样式，这几乎已成为一种惯例。“当制作过程遇到困难偶尔会发生争吵，家庭氛围变得紧张的时候，回想夫妇共同拥有的喜悦和艰辛便成为生活中最美妙的事情。”

夫妻二人下一个挑战的目标是在院子里建个车库，所有的工具都摆在可见的地方兼作为装饰。自己动手改变家中景象也成为夫妻恩爱的秘诀。

A

烧烤用的金属网挂放手表和小物品。喷漆涂成黑色后，用塑料绑带固定在支撑杆上。

B

1 有效地利用支柱的宽度做装饰架或者收纳。
2 杂志架使用铁制的手巾杆做挡杆。

C

支柱也可以帮助收纳。为了便于外出时随手就能拿起挎包，在支柱恰当的高度上设置挂钩。

结合家人的风格，DIY 可视化收纳，使清洁整理风格自然形成。

壁面采用对角线交叉分隔进行收纳会显得很时尚，这是房主受到咖啡店装饰启发的杰作。

3 小学三年级小儿子的房间。挂书包的鱼骨式木板墙围也是DIY制作而成。

1 带脚轮的衣架。衣架足够大，可以挂大人穿的衣物。
2 高度不同的木箱摆放成一列，用来收纳学生用品，还可以作为上床用的阶梯。

4 推拉门的把手还可以装粉笔。将木材的边角料打孔，用麻绳编制成小篮筐。
5 与室内装饰风格不搭配的学习用卷和练习本，可以用外文书的封皮遮挡。

清洁和自然的交叉点

洁白有序的空间，有时会让人感到寂静冷漠。既要保持整洁，还要营造出轻松的氛围，怎样才能达到这种恰到好处的平衡？

01　　02　　03

新房子中的个性收纳

开放式厨房和旁边的小工作间。厨房白色基调，简约时尚，木制的物件和篮筐装点得很到位。一般在白色背景下，色彩对比不要过于强烈，保持整体的协调性非常重要。**01**在从餐厅能够看到的餐柜上，摆放的餐具是以白色为中心，这样的色彩搭配显得整洁有序。**02**靠餐厅一侧的吧台上摆放着喝咖啡的器具，这也是调节室内氛围的元素。在相反一侧摆放的是调味料。**03**在工作桌上摆放着收纳小物品的篮筐，古朴中透露着静谧。其他柜架的收纳也简洁规整。（爱媛县 · 井上家）

收纳，首先从厨房做起

Chapter_02

● 8 大厨房收纳案例

● 迅速上手的收纳技巧

厨房是最容易堆积生活用品的空间。

东西多就收到看不见的地方，这样使用起来不方便，

但都摆在外面又会显得杂乱。

更重要的是，每天在厨房待着的时间并不短。

如果能够有效地利用有限的空间，把厨房变得更加漂亮，

那么无论是做饭还是饭后收拾，一定会感到更加轻松。

本章中所展示的案例能使家庭生活变得舒适自然，

并且汇总了可以模仿的技巧方法。

8 大厨房收纳案例 Kitchen Sample_8

厨房吊柜有必要安装柜门吗？

和歌山县 · 佐藤家

在较高的位置用几个竹框代替直接取放物品的抽屉。设置几处吊挂物品的空间更为实用。

1 吊柜下方增加橱柜，利用大号L形角铁在3处加以固定，保证足够结实。
2 厨房出入口利用装饰板、小窗户、橱柜展现出俏皮可爱的一面。
3 水槽下面柜门用双面胶粘贴胶合板。有纹理的板面搭配金属手柄显得很时尚。
4-5 在建材店购买的折叠式合页支架，配上木板，变成一个能收能放的小折叠桌，作为上菜的桌台非常方便。

客厅也采用开放式架板的使用方法

佐藤先生一家五口搬到房龄有20年的二手房中。为了让家人生活更加方便，善于DIY的佐藤先生不断对室内环境进行改善。每天5人用餐的厨房，是其改造的重要空间。

首先，卸掉原有吊柜的门板。在吊柜下方增置了一个大型开放式的柜架，有限的厨房收纳空间一下子就变得宽裕起来。

必要的物品都摆放在伸手可及的范围内，大幅度提升了做家务的效率。不但节省了开关柜门的时间，而且东西放在哪里一目了然。这看似非常简单，但实际上要充分考虑动线的合理性。此外还有一个重要的问题，杂物的摆放将直接影响室内空间，方法是选用篮筐收纳和一些简单的餐具等。

在厨房外墙面上安装展示架也非常巧妙。在漆喰涂料的墙壁上安装几条架板，就变成了杂物的展示架。架板上各种小物品排列得整齐又可爱。

好像杂货商店？都是必备的日常用品

大阪府 · 高桥家

“即使是小空间，也能成为重要的收纳空间”，高桥家做到了这一点。根据居住面积确定适合的尺寸，量身定制收纳柜，利用物品让厨房实现了看得见的收纳方式。

从吧台柱到墙壁的架板，使死角空间得到有效利用。陈列方式至关重要，看上去不觉得凌乱无序，这都是容器和餐具的艺术性排列。就好像杂货店一样，只有一览无余的厨房才有的构思。吧台表面镶贴瓷砖，吧台上方的手工木架增添了一份生活气息。从厨房和餐厅两侧都能够取放是设计的一大亮点。琐碎的物品归纳在篮筐里，既不影响美观也方便使用。为改善不便而萌生的想法比比皆是。

1 小抽屉里放的是饮茶用的刀叉和杯垫。
2 可推拉台车上放着平时使用的餐具、调味料等。推拉方便的设计，也使动线更加顺畅。
3 开放式厨房内侧也充满了智慧。吧台左面的窗户附近安装了小抽屉。

一个仅仅十几厘米的
空间拯救了整个厨房

从指定席位的两侧
都可以取出餐具

木箱内侧用来收放锅碗瓢盆，电饭锅等。为了提高利用率，增加横纵向的木板做置物架。

复古风物品的数量是收纳的关键

和歌山县 · 渡边家

小家具本身
带有复古风

开放式柜架上的复古餐具是长期收集所得。茶杯和玻璃杯因为每天都要使用，可以放在触手可及的地方。

吧台下方一目了然

渡边先生家的厨房里，整齐地摆放着复古风的餐具和食品，这不仅仅是装饰品，每天做饭就餐都在使用。渡边先生以为“使用的物品才称得上在发挥作用”，复古风的餐具自然不必说，就连瓶子和罐子也作为收纳用具得到充分利用。特别是收纳罐、不锈钢罐、玻璃罐等很适合收纳小物品。塑料袋和夹子等细致的日用品放在橱柜里面可以隐藏生活的凌乱感。复古风餐具与复古风小家具的组合，兼顾了展示和收纳功能，也能更好地烘托气氛。

生活中被心仪的物品包围，如果这些物品在现实生活中都用得上，就没有必要在为如何收纳而烦恼。这个案例实现了“可视化收纳”。

请看收纳内部

超市的塑料袋装在旧铁罐里，旧铁罐装在古董级的铁筐里，铁筐放在微波炉上面。

铝罐中分别装入保鲜袋和夹子。按照用途分开放置是一个好办法。

玻璃罐里装着糖果，玻璃罐固定在架子上，取放方便。汤料和茶包也分开放置。

KITCHEN 04

厨房收纳柜虽然占据空间，依然有设置的价值

东京都 · 中村家

小家具本身带有复古风

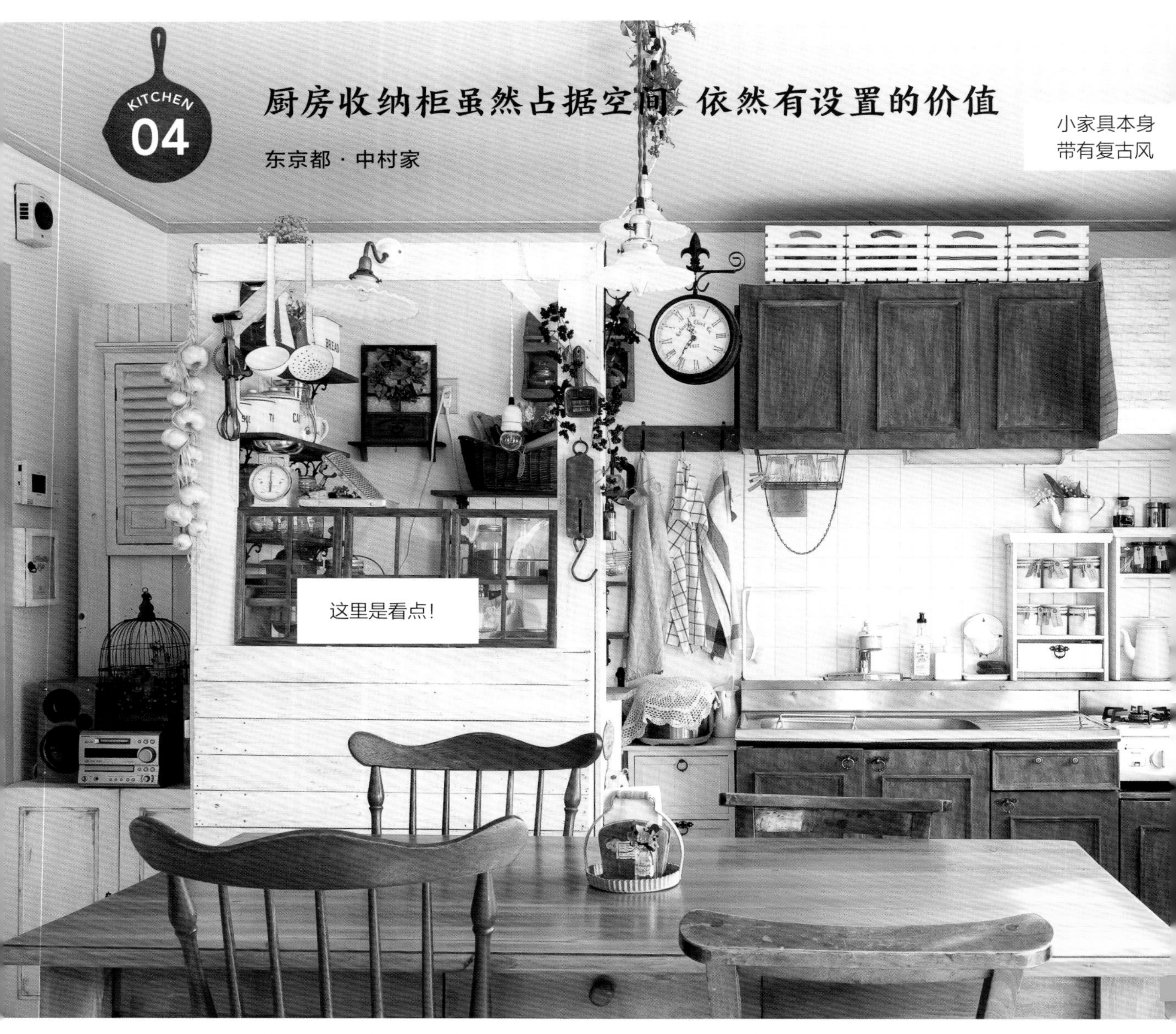

如果没有这扇墙，从餐厅的角度看厨房一览无遗。露在视野中的物品，都是经过精心挑选并整齐有序地摆放，巧妙地隐藏了生活的杂乱感。

1 厨房右侧的窗边，吊挂着搪瓷的花洒和牛奶锅。垂下的绿植清爽怡人。

2 陶瓷收纳罐里分别装着砂糖、食盐和面粉等，系上标签，一目了然。

3 咖啡滤纸等装在搪瓷容器里。

1 将橱壁设置为L形较为美观，还可以防止墙壁倾倒。为了更加安全，在墙壁外侧放置家具，内侧放置冰箱加以固定。
2 吧台使用两个细长的组装箱做成。周围铺上杉木板再用螺钉固定，刷成白色后就大功告成了。

看看里面吧～

吊柜下面是水槽，水槽下还有橱柜。中村先生家的厨房里，最初只有这些收纳空间。深思熟虑后，决定自己手工制作吧台，并且将吧台用墙壁围拢。冰箱和微波炉放在一起还起到遮挡杂物的作用。

L 形墙壁上镶有小窗，不但消解密闭感，作为室内装饰的一部分也具有展示效果。墙壁的内侧同样非常实用，设置有操作台、食品库，这些对于做料理来说都是必不可少的空间。墙壁上还安装了数对开放式收纳架，始终没有忘记充分利用墙面。

食材罐整齐摆放，安装挂钩板挂上物品。这些最大可能地利用墙面来创造收纳空间的技巧都值得学习实践。

3 安装在L形墙壁面上的收纳架为3层。最上边摆有一些杂物，具有装饰的作用。
4 吧台利用简易柜做成，吧台下方可用来放置餐具和食材库等。使用“100日元”店里的盒子更加细致地将物品分类。
5 自己动手制作的收纳间。
6 经常使用的食用油装在玻璃容器里，营造咖啡店的风格。
7 安装横杆挂上挡帘。

需求的数量是变化的，所以收纳空间也是变化的。

埼玉县 · 广志家

这里独特的地方在于各种木箱和架板的组合使用。尽管按照需要增补的痕迹清晰可见，但这种杂乱的趣味正是志和家的特点。

1 窗框增加木板变成展示台。
2 为了收纳小物品，将木箱改为两层，有效利用木架空间。
3 红色作为关键色，酱油和塔巴斯哥辣酱瓶的组合如同有趣的杂货一般不可思议。

4 商业用的冰箱成为可见饮料冷藏箱。小抽屉放入做便当用的物品和道具。
5 不常用的茶柜作为碗柜。为了让11m^{2}大的厨房和餐厅明亮一些，便将其刷成白色，好似欧式的复古家具一样。
6 打通客厅壁橱，做成拱形。

广志先生的厨房顺着窗户成一字形设置。由于厨房的收纳空间非常有限，只能依靠这面墙。曾经将写字台和书架作为餐具柜使用，但由于配餐空间不够用，又在书架上搭上吧台风格的木板。

之后，由于厨房推车和操作台的出现，厨房的样子发生了变化。撤掉靠墙的大型家具，用木板架代替，这也使可视化收纳成为厨房的亮点。

乍一看好像没有什么规律，只是注重外观。但如果想饮茶时，将红酒木箱里的咖啡杯取出摆放在操作台上，准备工作就变得非常便利。耐潮耐热的不锈钢制的厨房推车就放置在水槽旁，做料理变得很容易，打扫卫生也方便。细细想来除了美观，使用时的便利性和实用性都得以充分体现。

窗户两侧都设置了L形的架子。因为增加了吊挂功能，收纳量大幅度提升，同时感觉不到压迫感，开阔的视觉效果让人愉悦。

所有的物品都看得清清楚楚，所以整齐即为准则

东京都 · 村田家

这里以白色为基调，标示简单，风格统一。里面装有调味料等。

用具集中在一角

村田先生家的房子，从餐厅看到的是全开放式厨房，明亮开阔。映入眼帘的所有物品都很时尚，一切都透露着自然和谐的氛围。朋友们表示赞许“好像杂货商店，真羡慕！”。

能够缓解每天的疲倦和压力的物品太令人喜欢了！利用网购收集到喜爱的杂物已成为厨房的主角，收集的关键在于选择相同的素材和色调。厨房里以白色搪瓷为中心，彰显清洁和自然风格。如果可以保证将物品放置在指定的位置上，整理的效率自然会得到提升。不放置大型家具，而且以木板贴靠墙面和木架为基础，更加突出杂货的存在。

货架的架板只要保证必要的长度，自家尺寸的收纳就做成了。

杂货能够滋润心扉，所以不要忽视这样的装饰。感受厨房里的时光缓缓流淌，会让心情倍感舒畅。

餐厅内装饰着各种杂物，有的自由自在地悬挂，有的任意地摆放，板架得以充分利用。好像咖啡店一样，成功打造出让心情愉悦的空间。

可爱的杂货可以缓解生活的琐碎感

干叶县 · 山口家

展示的玩具和茶具
都很可爱

锡制托盘上摆放着茶具。好像杂货展览一样，具有时尚氛围。

“想把自己精心积攒的心仪物品装点起来！”“开放式收纳”是成就山口家可爱型厨房的原动力。

像杂货展览一样整齐摆放着精心挑选的兼顾平衡和美观的餐具让厨房变得多姿多彩。在餐厅的一整面墙上粘贴蓝灰色壁纸，摆放在餐桌上的物品全部经过精心准备。

无论是制作料理，还是用餐，都被可爱的小物品包围，这样梦想的空间是拥有了自己的房子后才得以实现的。在这里，自己动手制作的各种柜架活跃在各自所需要的地方。厨房吧台放置的小柜架用来收纳，柜子内装不下的物品可用以展示，“收拾”这种麻烦的家务活不再需要。

1 架子的特等席上摆放着有纪念意义的铁罐，下边安装挂杆，增添悬挂空间。
2 带翻盖门的柜架，从餐厅侧面也可以取放。
3 餐厅屋顶安装小梯子，并在上面悬挂篮筐，营造出自然风格。

为物品匹配的吧台
非常称心

再多的物品，只要对颜色种类加以调控就会显得很有秩序

东京都 · 岛村家

玻璃窗对厨房起到了恰到好处的遮挡效果并显示出通透感。在客厅内装饰陈设品，更有效地缓解了生活的琐碎感。

之所以能够摆放大量物品而毫无杂乱感，正是因为对颜色使用种类的把控。

安装在厨房操作台上的隔断，不仅能作为装饰，还能够遮挡生活的杂乱感。原木柜架和藤条编织物与白色漆调和在一起，再加上特意留下的少量余白，显得很有次序。

房间中运用有限的色彩配以少量的余白，即使现今也不显得过时的配色原则。

以白色为基调的墙壁和柜架搭配得非常有效果

1 L形板架，利用隔断创造收纳空间。将装有调料的玻璃瓶放在上层的展示架上，微波炉摆放在下边的架子上。

2 大量使用玻璃瓶，也是限制颜色数量的一种方法。不仅是调料，餐具也使用玻璃瓶装置。

3-4 感受余白的使用方法。餐厅里的白色木板墙，原木色和茶色的家具以及摆件都是强调色的点缀。

快速上手的收纳技巧 Great ideas you can try immediately

从 8 个家装实例得到启示，首先让你家厨房一目了然。
从能改变的地方做起，试着开始吧。

结合瓷砖颜色，统一标签的颜色。即使摆放众多不同种类的玻璃容器，看起来也像同一系列。

1

利用托盘和篮筐分别摆放

1 水槽前的飘窗上不要放置大型的架子，可利用小木箱和篮筐摆放物品，既不影响光线，又不显得杂乱。

2 吧台的终端放置玻璃杯。经常使用的物品，设置在动线的延长线上。

3 考虑到防尘效果，即便体积小，展示柜也非常值得利用。

4 为了方便使用，篮筐放置在吧台上。

5 如果在对面式厨房的吧台上摆放食材，用玻璃罐装置会增添咖啡馆的格调。

利用展示柜实现可视化收纳

2

设置了指定席，动线就变得更加顺畅。

3

4

玻璃杯和杯垫使用方便

水槽和吧台周围的运用

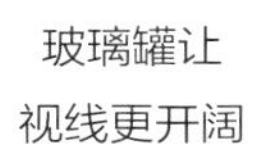

玻璃罐让视线更开阔

5

使用方法大变革·架子的实用性

放入的顺序也
有技巧

1 将大型餐柜涂成黑色，餐具显得更清晰，便于寻找。
2 彩色餐具如果都拿出来，会造成颜色泛滥，所以装入盒子后再放置在架子上，使用时取出来，方便整洁。

厨房里摆放
工具?

经常使用的工具，也可以摆放在厨房内待用。需要使用时立刻就能操作，并且便于整理。收纳也需要灵活的思考方法。

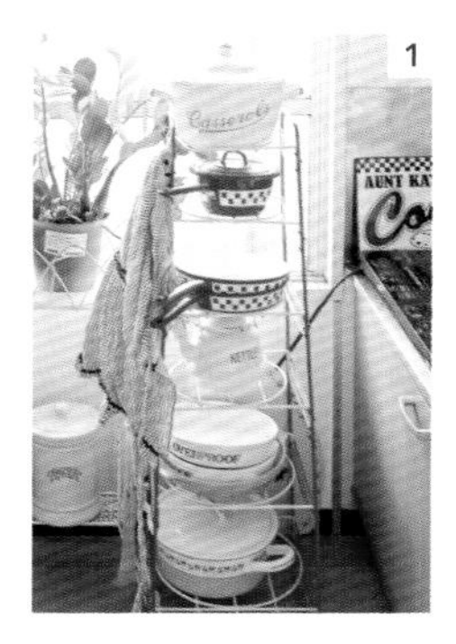

1 带图案的可爱搪瓷锅，放在锅架上成为装饰性的收纳物品。

2-3 日常使用的Fire-King茶杯和复古风的工具集结在这里，成为非常热闹的一角。

彰显以收集为乐趣的厨房

装饰和使用功能

这里好像是碗碟专卖店，装载的都是日常使用的碗碟

客厅的木箱里，整齐地摆放着小碟和茶具。好像美术馆里陈列的作品，看起来很时尚。

1

2

1 在墙面粘贴木板，墙面中间安装两层置物架，两侧放置小型家具，确保无缝衔接的收纳空间。利用架板制作悬挂蓝框，或是悬挂在墙壁上都是不错的收纳方法。

2 如果采用开放式收纳，统一颜色看上去更加美观。白色给人的印象更加干净整洁。

架子的无限可能性

遮挡视线

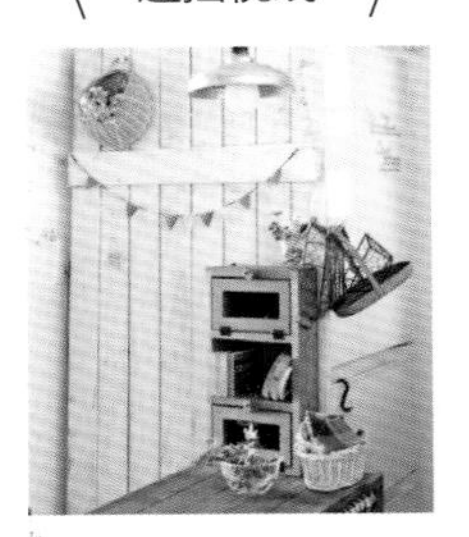

木板墙立在冰箱侧面遮住视线，这里也可以用来装饰杂货。

使用金属管做架托，配以对应宽度的架板，大幅提升墙壁板架性能。承载能力得到保证，便能摆放大量的物品，同时整体风格也变得前卫。

吧台下方的壁柜里是什么？

壁柜门采用金属网凸显出乡村风格。茶杯等放在篮筐托盘里，便于取放。

1 水槽下方柜架的最下面，放入装红酒的箱子作为抽屉使用。从上面也能看到里面，使用方便。

2 放置垃圾箱和微波炉的地方，用挂帘隐蔽起来。

3 无缝隙收纳。调味料瓶装在木箱里面，可以快速拿取。

厨房吧台怎样使用

如果是完全开放型，也可以考虑作为极佳的重点展示区域。
充分利用厨房吧台是重要的环节。设计理念的不同，展示出来效果也完全不同。

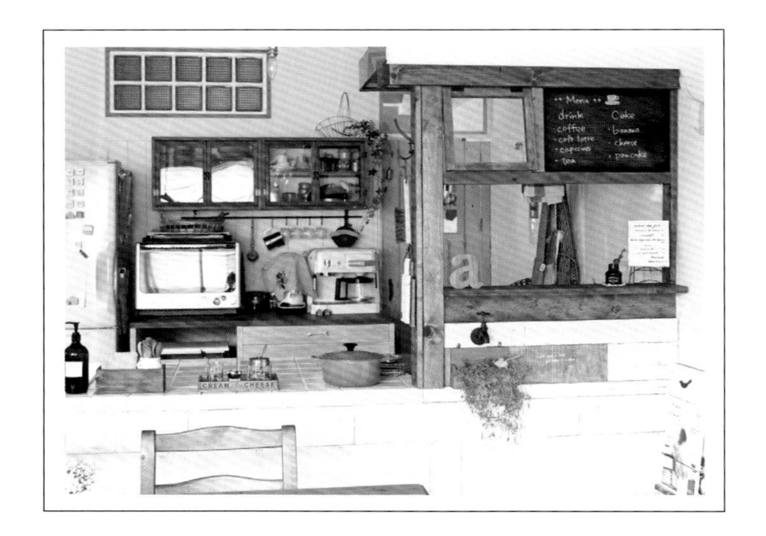

上 / 炉灶前方自己打造的木质装饰架再配上挂勾挂上一些厨具，就形成了很小的收纳空间。这个空间，让吧台显得宽敞整洁（千叶县 · 井田家）。
下 / 吧台上半部分的展示空间内镶嵌了一扇窗户，眺望厨房时风景别致（东京 · 川口家）。

“使用、装饰、享受”

开放式收纳的要领

Chapter_03

简单收纳，毫无压力

● **篮筐派和木箱派**

不显杂乱

● **现代工业风的魔法**

无需隐藏

● **工作室收纳技巧**

不隐藏的收纳省时省力。

日常用品融入装饰中，有趣的想法由此而生。

好不容易入手的物品，却任其沉睡在深处。

杜绝“买了多余”这样的事情，

可能会使生活更加方便，人们也更加喜爱自己的家。

那么，如何选择日常用品，才能实现开放式收纳的设计理念呢？

请参考如何确立自己风格的装饰实例。

Baskets vs Wooden boxes

简单收纳，毫无压力
篮筐派和木箱派

01 Baskets vs Wooden boxes

与其说是收纳
不如说是装饰

熊本县 · 藤川家

篮筐和木箱都能放入很多物品，而且容易取出，是最简单的收纳工具。仅简单地进行排列就能起到装饰效果，缓解了分类收拾抽屉带来的压力。

1

2

3

1 篮筐不但具有收纳性，还可以作为白色空间的对比色，与木质和草编材质物品的色调和谐搭配。
2 厨房窗户的上方，设置了用来摆放篮筐的板架。与吊挂相比，不会遮挡光线。
3 卫浴间（洗漱间）的白色与篮筐相互映衬，显得清爽，干净，整齐。

02 Baskets vs Wooden boxes

这些小篮筐突出了杂货作为主角的存在

石川县 · 山田家

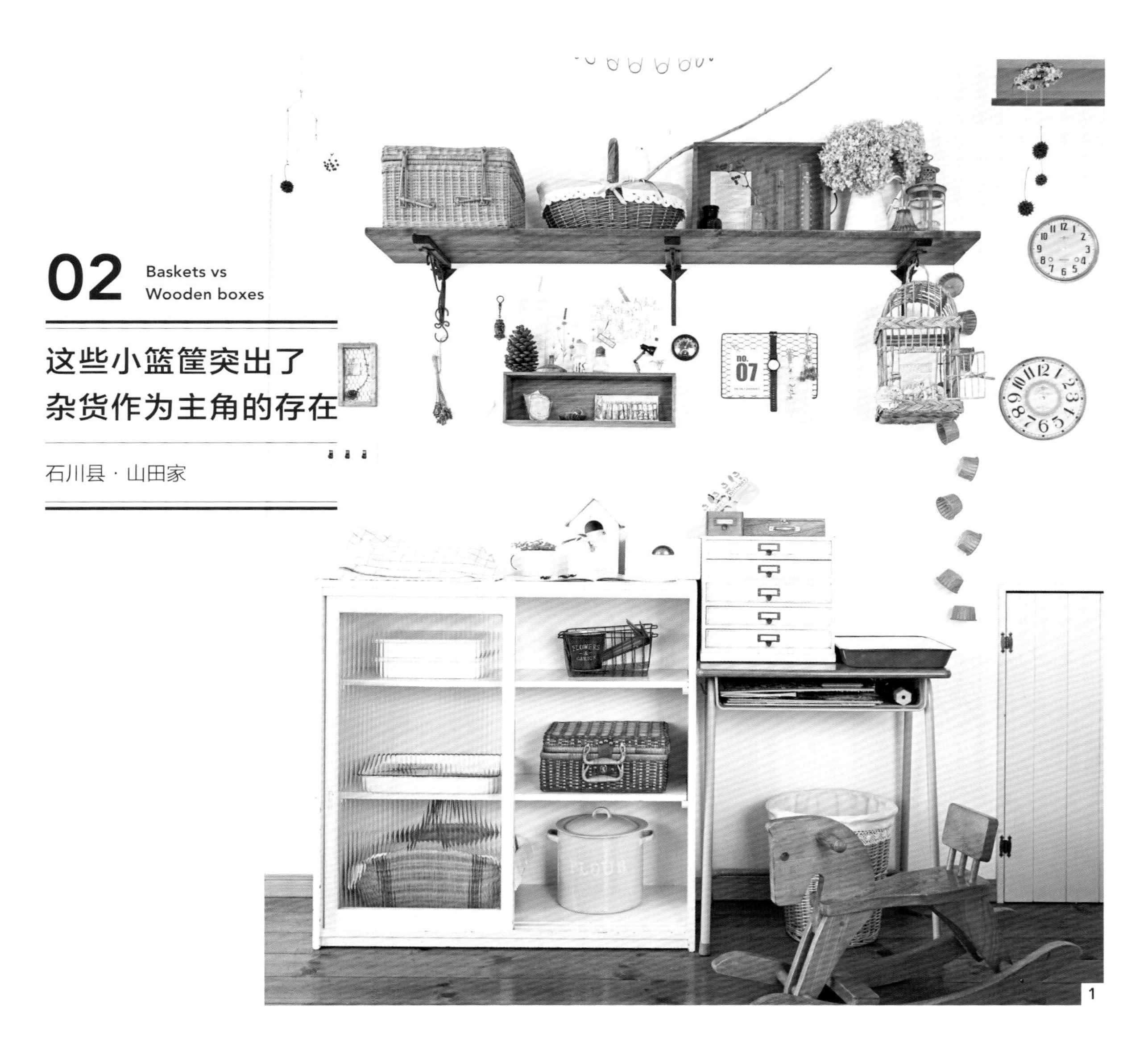

1 “杂货 × 篮筐 = 和谐精致”。特别值得注意的是带玻璃拉门的柜子里，资料并不是直接摆放在柜中，而是放入篮筐里，这样不会使人感受到生活的琐碎感。

2 没想到复古风的杂货和篮筐搭配起来也如此和谐。

03 Baskets vs Wooden boxes

运用北欧风格的篮筐

大阪府 · 中村家

1

2

3

1 墙面的利用，首先从安装板架开始。想要做展示，最初一步是搭建“舞台”。旅行箱采用重叠的摆放方法。
2 模仿电影《海鸥食堂》中的室内装饰品风格，重点是浅蓝色的墙腰。
3 玩具放在篮筐里，也变成了杂货。没有筐盖，方便取放，所以孩子们也积极地帮忙整理。

04 Baskets vs Wooden boxes

篮筐和木箱的组合技巧

冈山县 · 伊西家

1 容易丢失的参考性书籍和资料，放在浅底的盒子里，并置于固定位置。
2 餐厅桌子旁，是手工制作的开放式货架，利用架子上的木箱和篮筐分类收纳。
3 厨房的收纳空间少，就自己打造适合的家具。灵活运用开放式置物架，篮筐以及玻璃罐的组合，看起来好似排列整齐的杂货。

05 Baskets vs Wooden boxes

木箱和旅行箱重叠摆放，收纳效果倍增

神奈川县 · 高山家

1 厨房一角，利用木箱和无门架子，增强了收纳性和便利性。虽然使用多种色调，但复古风主题得到统一，看起来非常融洽。

2 这个旅行箱内装的竟然也是DIY用的木材。

3 工作间里的篮筐式旅行箱，对于分类收纳发挥着重要作用。

1

2

3

06 Baskets vs Wooden boxes

手工艺品材料整齐地摆放在木箱上

大阪府 · 山井家

1

2

3

4

请注意木箱的使用方法。

1 将花盆放置在木箱里，使厨房显得既干净又充满活力。

2 厨房吧台前，整齐排列着有质感的浅木箱，作为摆放绿植和其他物品的家具。

3 重叠的木箱用来摆放绘画用具。

4 在木箱底部安装脚轮，使其便于移动到有阳光的地方。

07 Baskets vs Wooden boxes

在架子上放置木箱更加方便

高知县 · 西田家

1 对于可视化收纳，保持物品数量的平衡性非常重要。靠里一侧餐具架上的篮筐里，放入不常使用的餐具，并每月检查一次。

2 根茎类蔬菜放入手工做的木箱里。木箱里面带有金属框，保证了良好的透气性。

3 选择相同的瓶子和杯子排列在一起，增强整体感。

4 以杂货为背景，常用物品放在近处。为了更有效地利用架子上的空间，这里也出现了木箱。

08 Baskets vs Wooden boxes

仅仅将物品放在凳子上就能提高空间的使用性和便利性

北海道 · 山桥家

1-2 超市的纸袋看上去很美观，东西没收起来却一点不显得凌乱无序。凳子上的篮筐是关键点，不需要下蹲，容易取放，一举两得。
3 藏在北欧风格篮筐里的纸巾盒。
4 旧金属筐适合挂在墙上。
5 北欧和东欧的物品，最适于可视化收纳。

A magic of Industrial taste

不显杂乱
现代工业风的魔法

如果仅仅通过排列就能成为一幅画，那么就不需要复杂的技巧。用非常酷的风格统一收纳，东西虽多却不失精致，这就是室内装饰的魔法。

微波炉尺寸刚好放在开放的置物架上，整体采用黑色基调，很有氛围。日常用品和杂货收纳得恰到好处。

01 A magic of Industrial taste

运用“军事风×复古风”，完全感受不到杂乱

北海道 · 田井家

工业风是指木质和金属的家具和装饰品的有效组合，运用工业元素的设计以及积极使用杂货作为室内装饰品。使这种粗犷的设计风格在世界上流行起来。在日本，为了区别出以白色为基调的自然风格，出现了称之为刚性风格的室内装饰设计类。刚性风的室内装饰品的发祥地是美国的布鲁克林，田井先生很喜爱这种风格，他讲道：“最初受到铁制品和外国军用品所带来的冲击。从而喜爱上这种冷酷的风格，并一直沿着这种风格前行。”

田井先生一直在摸索室内装饰品的方向性，直到与古物店“萤火虫des萤火虫”相逢后，逐渐转变为喜爱刚性风的室内装饰品。这组餐厅照片讲述了田井先生身为厨师，将厨房里的物品摆放得与店铺一样，彰显品位，非常值得参考。

1 玻璃橱柜里展示的是钟爱的厨房用品。
2 铁制箱是以前军队收放弹药用过的物品。
3 电视机前摆放了伸缩式茶几，以便享受更加放松的时光。

瑞典军用弹药箱重叠摆放当做桌腿使用，在箱子上搭上木板就变成了桌子。这个方法是从古物店里学到的。

餐厅和厨房中感受不到“狭窄”是美中不足。以黑色和旧木材为基调，所选的用品外观很酷，一点都不觉得凌乱。

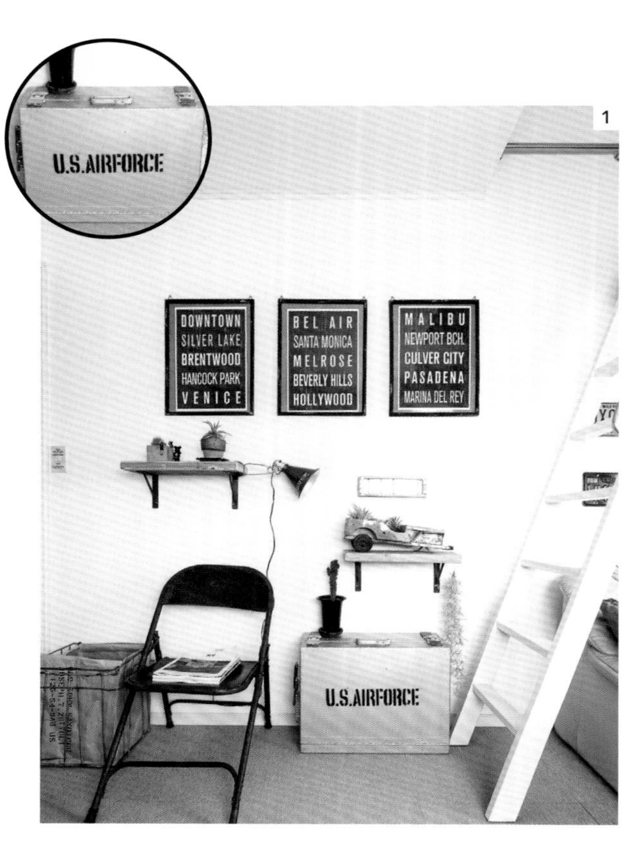

02 A magic of Industrial taste

收纳美观的小物品，采用硬朗风格的标志设计

神奈川县 · 加藤家

1 美国空军军用箱既可以用来收纳，也可以直接作为矮桌使用。

2 野战桌的抽屉里装入文具。

3 在“Go Green Market”二手店找到的玻璃窗改装为桌板，将乐器套绑在椅子上，口袋还能装小物品。

“热爱时尚，倾心于黑色和铁制品风格的室内装饰品。很喜欢经常去的时装店，感觉那里的物品摆设和氛围非常酷，希望自己也能够居住在这样的空间里”。

加藤先生立刻从时装店购买了一款黑色铁制橱柜，并开始装饰房间。“喜爱美军流出品，并非对军事感兴趣，而是被没有刻意装饰的设计和简洁的徽标所折服。”

正因如此，仅仅是将收集到的为数不少的杂货和小家具摆在一起，风格就得到统一，品位也得以体现。其中很多都是日常生活中用得上的物品，也有收纳功能，一举两得。总之，工业风室内装饰品，不但美观时尚，作为可视化收纳也值得选择。

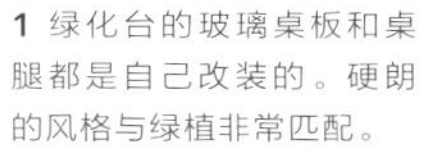

1 绿化台的玻璃桌板和桌腿都是自己改装的。硬朗的风格与绿植非常匹配。
2 弹药箱和胶卷盒用来收放小物品。

在采光好的一侧种植仙人掌，在另一侧的背阴处并排摆放铁制的桌子，桌子上摆放着美军的流出品和各种工具。

03 A magic of Industrial taste

工具和油漆桶成行整齐排列，车库是男主人的乐园

枥木县 · 吉田家

由木质屋梁和水泥构成的空间里，黑色家具最为适合。为了保证在晚上也能够进行DIY设计，安装了足够的灯具。

1 工具类装入涂成黑色的橱柜里。

2 按照各种螺丝的长度和种类，分别装入不同的瓶中，使用时很容易找到，想得非常周到。

在院子里，有一间男主人的曾祖父留传下来用于收放农具的小房子。祖辈曾精心使用的这间小房子，吉田先生将之改为车库。车库的一角就是这个很酷的DIY工作室。“原本各种工具和涂料罐等杂乱地堆积在这个角落。由于杂乱无章找不到想找的东西，于是下定决心将这里改装为工作间。”

室内装饰品的主题结合小房子古色古香的特点，改装成现代工业风格。硬朗风格的不锈钢家具和涂刷成黑色的家具与粗犷风工具非常匹配，墙壁收纳一目了然。家具带有很多抽屉，同时利用大量的不同容积的玻璃瓶分类收藏各种零部件，一点不显凌乱，使用方便，整体上也很有意境。

3 车库的三角形屋梁，外观古色古香。

4 按照手推车尺寸手工制作的木箱。木箱刚好能嵌入推车上面，木箱内装有洗车用具。移动方便，外观时尚。

5 桌子的桌板是自己改装的。胶带、尺子、钳子等经常使用的工具，直接挂在墙上。

The reason why we make ateliers

无需隐藏
工作室收纳技巧

对于爱好缝纫和手工艺品的人而言，一定希望在家里有个属于自己的空间。但是在这样的空间中，材料和工具很容易散乱。即便如此，我们以下面的4个家庭工作室为例介绍设计理念和应用技巧。

01 The reason why we make ateliers

充分利用
篮筐和金属罐

神奈川县 · 佐佐木家

1 在工作室的入口处摆放展示柜，装入线和线轴等与手工缝纫相关的杂货。

2 工作室利用架子和篮筐整理分类。

“为了让细小的缝纫用品看上去更美观，自己动手制作了架子。在“100日元”店里购买的木箱，涂上漆料作为抽屉使用。

佐佐木先生倾心于日本的旧货和古董，经常逛古董市场。“尤其喜欢小家具。不仅可以装饰欣赏，在日常生活中也可以使用，所以感到非常有趣”。

佐佐木先生爱好手工做包，在工作室里，用这些小家具收纳布料和相关材料，效果很好。同时在客厅里，又可以作为装饰品。“在遇到自己喜爱的物品时，不考虑放置地点和用途就买回去，因此也曾多次对工作室家具的位置进行调换”。

挂在板架挂钩上的各种篮筐，有效地利用了死角空间。篮筐里存放的材料伸手就能够到，又不遮挡光线，而且与金属类杂货融合得恰到好处。铝罐和锡罐相互衬托，狭小的空间收纳了很多零碎的物品却感受不到凌乱，效果确实不错。

1

2

3

4

5

6

7

1 收纳杂志的木箱是复古风格。
2 钥匙盒是做蛋糕用的模具盒。
3-4 医疗用的旧金属罐在饭塚家里依然发挥余热。装在罐里面的是制作包裹用的彩胶带。
5 筛面粉的筛子挂在墙壁上，里面放入夹子。
6 花店里购买的木箱非常适合工作室气氛。
7 跳蚤市场上购买的小容器现在正考虑放入物品。

02 The reason why we make ateliers

在照看孩子的同时做些手工活

千叶县 · 田野家

田野先生喜欢手工制作，但一直受限于居住的单元房。在购买了住宅后，抱着积攒了很久的剪贴图片册，细致地向装饰公司表达自己的设计想法：小屋式小厨房、复古风门窗等。而且田野先生强烈要求在楼梯下方设置一个工作室。

“楼梯下方很狭窄。可以吗？装饰公司也对此表示惊讶。但是只有在这里，才可以一边照看孩子，一边做手工活。”

结果和期待一致。距墙壁之间仅有80cm左右的空间，成为让主人安心的工作室。“缝纫机放在橱柜面不必收纳，只要想用就立刻能用。”

做手工活使用的工具和材料，可以开放式摆放在工作室里，楼梯下方的确是最适合的位置，田野先生的理念就连专业人士都感到佩服。

1-3 从餐厅角度能够看到，支撑着操作台的架托曲线优美，增添了室内装饰品的灵性。

2 装饰了丝带的灯具美观华丽，是工作室的看点。优雅的室内装饰品能够激发创作热情。

4-5 小抽屉里分门别类地装满了手工艺品的材料和彩色胶带。

6 祖母赠送的旅行箱式篮筐里，竖着装入叠好的布料。不但美观更具有收纳性，这是篮筐的魅力之一。

7 工作室旁边的隔断里，挂着给孩子做的衣服。

8 镜子周围展示手工制作的饰品和杂货装饰品。

因为这里是阳光最好的地方，白色的装饰品显得更加明亮。缝纫台和熨衣台作为展示板没有压抑感。

03 The reason why we make ateliers

打造浪漫风格装饰的工作室，享受手工制作的空间

东京都 · 小田家

2

每件小物品都有独自的故事，如果都隐藏起来太可惜，利用墙面板展示装饰品。

1 餐厅的展示角。

2 最喜欢这里用怀旧的物品呈现出的意境。

3 市面上很少见到的singer品牌的缝纫台，遇见时毫不犹豫买下了。

4 复古风展览会上，对这个篮筐一见倾心，现在已是这里的主角。

5

6

5 旧洗脸盆架用丝带装饰后更显优雅。
6 “Lloyd loom”的椅子和橱柜刚好能放在这个角落。上面摆放的篮筐用来收纳小物品。
7 厨房吧台上摆放着玻璃展示柜。复古风的蕾丝布艺饰品和手工艺品摆放在里面，与古色古香的氛围融为一体。

7

小田先生去过好多家咖啡店，被各个店铺的室内装饰品吸引，也开始收集杂货。“等有了自己的房子也用来装饰，所以一直致力于收集复古风的家具。其中，最喜爱的是用得发旧却魅力不减的白色杂货”。

小田先生在建造房子时，就在考虑杂货的摆放。在厨房吧台上方，为了设置展示柜摆放古董，事先预留了适当的尺寸。为了在餐厅里摆放小物品，要求增置墙板。“家里的杂货成为主角，但在颜色种类上加以抑制。使用白色和茶色统一风格，尽管杂货数量较多，却格外整洁。”好不容易收集到的宝物，好像用聚光灯照亮一样，让开放式收纳切实可行。

04 The reason why we make ateliers

工作室在厨房内侧，保持了动线顺畅

静冈县 · 山口家

山口住的独户房屋是由身为木匠的父亲自己建造的。使用的是高级木材，房子很牢固，入住之后，想要动手改装的地方很少。

山口太太想要改变的是厨房最里侧，放置垃圾箱的地方。将这里建成“自己专属的空间”。利用的材料是从父亲那里得到的边角料和“100日元”店购买的木箱等。因此，制作工作室只用了15000日元。

“读书、做手工、做木工以及每天静坐在这里。因为做料理时，从这里能够看到蒸锅。”

现在的房子布局中，不知为何儿童房经常见到，但带有专属于妈妈的房间却很难见到。即便如此，也不要放弃，要像山口太太一样，尝试找到属于自己的空间，制作专属自己的工作室。

1 学校丢弃的书桌上盖一张大一些的桌板，增大操作台的面积。

2 正面的两个架子，利用架托牢牢固定。

3 将纸板剪为固定型，贴上手工艺品胶带。

4 用三角吊环和按钉将工作室内侧的架子固定在墙面。

5 玻璃门里是重要的DVD。

6 从客厅看不到厨房里侧的工作室，所以工作中使用的物品不收起来也没有关系。

7 电视机下方是收纳空间。最初用挂帘遮挡视线，由于总是忘记拉上，就增设了自动闭合式翻盖门。

在厨房里侧，空间大小刚好适合一名成年女性活动。DIY实现了梦想的工作室兼书房，空间紧凑，但让人舒心愉悦。

专栏三

方法总结

到此我们精心挑选总结了关于可视化收纳的各种方法。

可以将“1+1”的结果扩大数倍，原来没有被利用上的地方可能隐藏着大容量的收纳空间。对容易采取的要点，这里再次加以总结。

利用小玻璃瓶分装

参考大阪府小林家的工作室。贯彻“里面看得见”是提高操作效率的标准方法。剩余丝带装入空瓶里，便于分辨，而且美观方便。

抽屉风格的篮筐

按照固有尺寸定制的收纳架，刚好能够装下篮筐和布艺容器。分门别类地放入物品，使用时拉开，用完后推回。

吊挂

“一想到收拾整理就觉得痛苦”，那么可以考虑在木板上打钉吊挂。可爱的手工艺材料，很适合采用这种吊挂式收纳。

工作室完成！

工作室的中心是大量的小抽屉。虽然狭窄，但需要的物品都位于伸手就能够得到地方，这是收纳方法的关键点。

“一目了然”的节约式收纳设计

Chapter_04

- 吊挂方式的选择
- 如画一般地收纳随拍
- 收纳容器用来装什么
- 不用隐藏的居家物品推荐

收纳不是一天就能够完成的。

令人舒适惬意的居家生活，

是在每天不断地总结改正，思考怎样才能够更便利的基础上，逐渐积累而成的。

尤其是家务动线，大都是在确认什么东西放在哪里后，才逐渐变得顺畅。

“尝试做出改变，感觉到便利！”就是这样逐步进行改善，总会有一天，确立自己独有的风格。

首先，请迈出最初的一步！

吊挂方式的选择

已经没有一点收纳的空间了。这时，可以尝试利用头顶上的空余空间，其次是墙面和房梁，还有家具的侧面也可以考虑。或吊或挂，这样的方法会带来意想不到的便利效果。

厨房 Kitchen

1 将木杆或是环形衣架固定到厨房的横梁上，让工具显示出韵律感。吊挂的方式适合热闹的厨房，看着都让人愉悦舒适。

2 利用空间的一角，将两个环形衣架纵向连接起来。用夹子夹住咖啡滤纸，再装点上吉祥物，让人感受不到这是日用品收纳。

3 专用吊挂架承载力大，只要是安装牢固，就能够挂上很多东西。

4 将日用品和装饰杂货放在一起任意挂在墙面板上，厨房桌布和收纳袋显得很时尚。

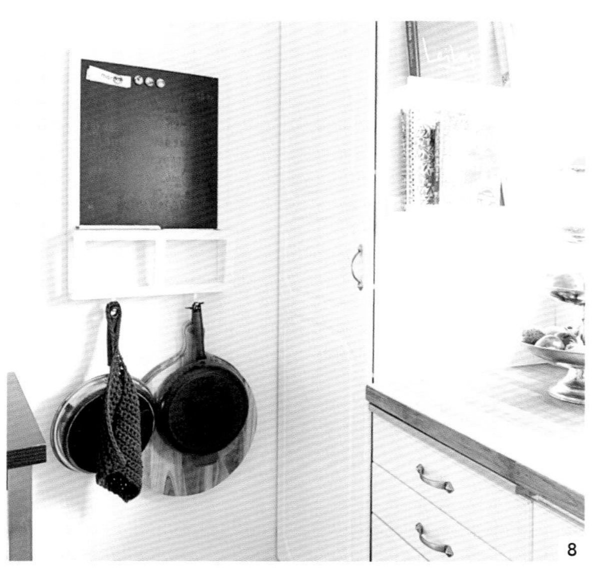

5 如果任意的吊挂欠缺平衡性，那就保证相同的间距。优点是清晰明了，使用后的餐具容易再放回去。

6 吊挂相同种类的东西时，不显得杂乱。这里在安装的横杆上使用S形挂钩，制作干花也变得方便。

7 在黑板上安装横杆，想法大胆新奇。这里也使用S形挂钩。

8 对于经常使用的煮锅和炒锅菜板，不收起来也是一种选择。营造出小酒馆的气氛，产生意想不到的效果。

百叶窗 和 框架 Louver & Frame

1

2

3

4

1 跨区域的衔接处最适合吊挂式陈列。例如安装挂架、吊挂花盆等创造出不同的角度，产生平面设计不具备的动感。

2 百叶窗风格的木板上散挂着S形挂钩。一些物件可以随意地挂在挂钩上，节省空间。

3 安装方格木框架作为墙壁的装饰，这里的空间没有理由不利用，在这里添加挂钩，就是一个小型收纳库。

4 没有专用工具，只利用麻绳和树枝就做好了美观的吊杆，挂在上面的小篮筐也是一个微型仓库。

墙面 Wall

1 材质柔软的摩洛哥篮筐包，挂在墙面上非常适合。凌乱的日用品装在里面，美得没有半点意见。

2 墙面上的挂钩板不要安装得过高，齐腰位置就可以。挂在上面的扫除用具，使用时很方便。

3 将一张带孔的板贴在墙上，这样就可以自由使用挂钩。如果考虑以后将墙面恢复原状，可以利用这个技巧。

4 在帽子专用的挂钩位置上，贴上带图案的贴纸，既有趣也防止帽子乱放。

Storage Snaps

如画一般地收纳随拍

看起来漫不经心，却美观精致，仔细看，原来是生活用品都被陈列起来。这才是“开放式收纳”的精髓。充分利用各种收纳容器和收纳方法。请参照下面的随拍获取收纳技巧。

Storage Snaps

精选的收纳容器

1 篮筐带有盖和手柄，需要时整个篮筐取下来直接装东西。
2 利用同款托盘型篮筐代替抽屉。将物品按类别细致分装其中。
不论日式还是欧式，都令人感到亲切温和，这就是篮筐的魅力。

3 有很多的爱好者将带盖金属桶作为收纳工具，看上去很美观。也有很多家庭将其作为垃圾箱用。
4 结合实际需要，把金属桶放在凳子上起到增加高度等作用。灵活运用获得最佳效果。

简明的开放架上，摆放着可爱的物品。玻璃罐米桶很有人气。

毛刷随便的插在油漆罐里，这种“无序感”的工具收纳，反而自然形成一幅画，让人不可思议。

没有看完的书、杂志、报纸等放在这个铁丝筐里，仅是如此，就可以防止到处乱放，清扫也变得容易。

Storage Snaps

“暴露在外边”的美学

“锡罐+立架”的搭配，让拖鞋放置区变得美观。选择合适的收纳容器是一种技巧。

彩丝胶带等琐碎的手工艺材料，按类别装入带隔板的盒子里，好像商店展示柜一样，视觉效果非常好。这是兼备使用性和装饰性的好例子。

复古风的肥皂架作餐具架用。茶缸可以取下来清洗，时刻保持清洁。

Storage Snaps

带有主题的摆放方法

1 中能够收纳小物品的书箱并列摆放在一起，构成书柜。

2 书籍重叠摆放就好像在展示英文书一样，轻松打造出读书角的氛围。

如果将书架上书的全部书脊向外摆放，数量多时容易导致颜色过多。将书改为朝里摆放也是一种实用技巧。朝里摆放时，推荐使用薄纸包上书皮，透过薄纸也可以看到文字。

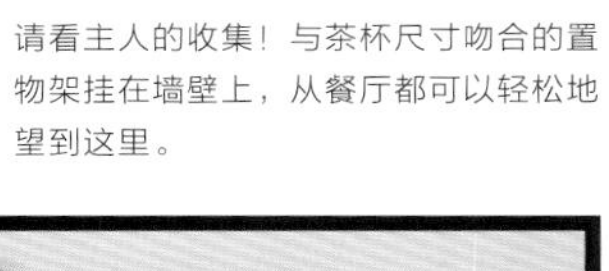

请看主人的收集！与茶杯尺寸吻合的置物架挂在墙壁上，从餐厅都可以轻松地望到这里。

在遮阳篷和黑板的衬托下，只是将手头上的餐具排列整齐而已，就好像咖啡馆一样。

如果有喜欢的颜色，就坚定地选作主题色，避免颜色泛滥。

1 以红色和白色为主体颜色布置的厨房和餐厅，非常可爱。

2 大小或是种类不同的具有复古风格的罐子整齐排列，具有代表性。

3 客厅一侧的锅架上，纵向摆放着各种类型的锅，都很喜爱。

Storage Snaps

颜色搭配的力量

白色基调给人以洁净之感，所以对盥洗室非常适用。

1-2 使用玻璃瓶和金属瓶，尽可能降低颜色数量，减轻压抑感。

3 毛巾类也都统一成白色，毛巾在搭挂着时让人感到干净整齐。

What's Inside of It?

收纳容器用来装什么

即便收纳做得很强的家庭，日常用品和生活用具也不可或缺。特别关注的是，这些让人羡慕的家具和杂货里面收纳的是什么呢？让我们揭开面纱。

1

厨房收纳中，单手就能开关的翻盖式收纳盒很受欢迎。里面装入各式调料和泡菜。

2

标准的大中小套罐中分别装入杯垫和茶包等小物品。

3

将布料卷成圆筒形竖立装入盒罐，一目了然，取放方便。

4

常温的根茎类蔬菜，放入金属桶中保存。再盖上柔软的织布，安全放心。

5

通气性良好的篮筐也适合存放根茎类蔬菜。按照种类的不同分开装入，蔬菜的存放管理，一清二楚。

6

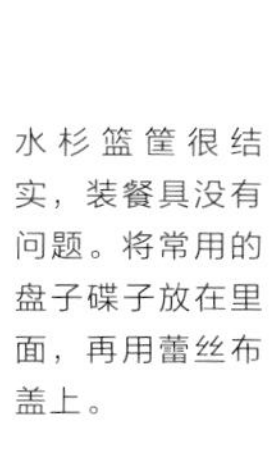

水杉篮筐很结实，装餐具没有问题。将常用的盘子碟子放在里面，再用蕾丝布盖上。

7

小包装的食品适合装入方形罐中收纳。如果是搪瓷的，就很容易清洗，实用性强。

8

抽屉收纳的要点是使用收纳盒分类整理。编织收纳盒放餐具很方便。

9

玻璃罩里放置遥控器，将位置固定在这里，就不会再到处寻找遥控器。

10

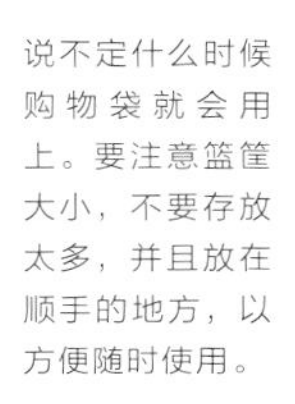

说不定什么时候购物袋就会用上。要注意篮筐大小，不要存放太多，并且放在顺手的地方，以方便随时使用。

11

铝制饭盒，还有图案较可爱不忍心抛弃的锡罐，放入缝纫用具，正合适。

12

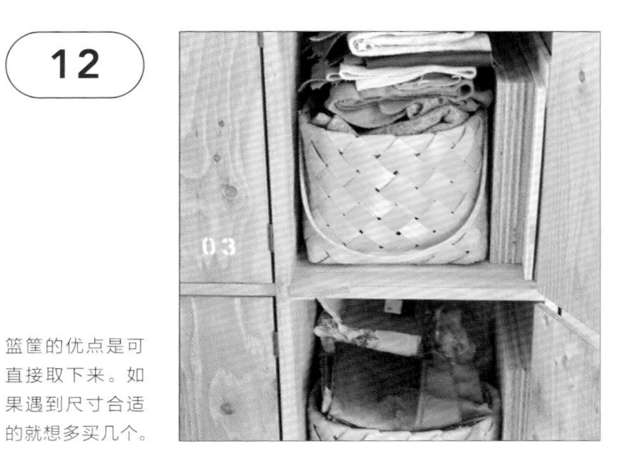

篮筐的优点是可直接取下来。如果遇到尺寸合适的就想多买几个。

13

在房间的一角，用支撑伸缩棒和角架搭起遮帘，这也是一种收纳方法。

14

利用玄关墙安装鞋柜。不仅可以放鞋子，外出时经常携带的东西也可放在这里。

15

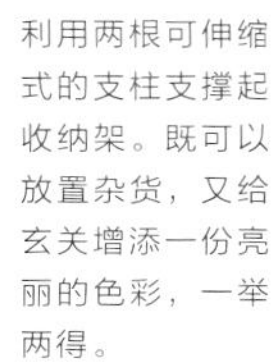

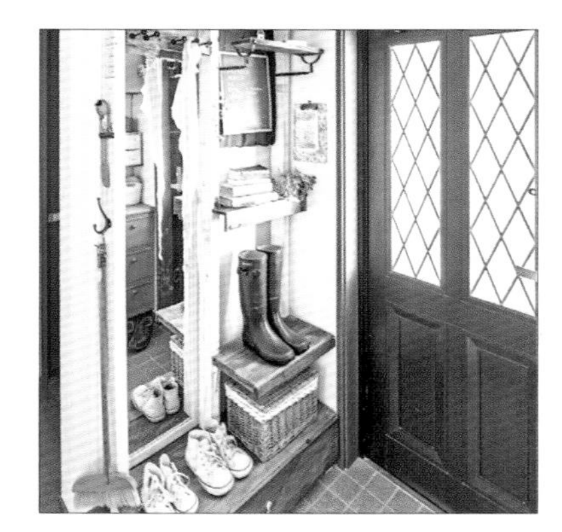

利用两根可伸缩式的支柱支撑起收纳架。既可以放置杂货，又给玄关增添一份亮丽的色彩，一举两得。

What's Inside of It? 开放性和隐蔽性的平衡

1

参考加油站制作的柜架非常有特点。主要用来装入餐具和食材。

茶包和夹子等物品按种类分别装入小抽屉，需要时立刻取出，省时省力。

开放柜架上摆放着精挑细选的容器。酒瓶等装入柜里侧。

橱柜是定制的。除了冰箱外其他的厨房电器装入橱柜中，尺寸正合适。这里考虑了“开放式和隐蔽性”的平衡性。从餐厅看去的效果极佳。

2

柜架兼具展示和收纳功能，是个好帮手。带门的柜子装入大量的餐具和日用品。上面的架子最大程度地发挥展示作用。

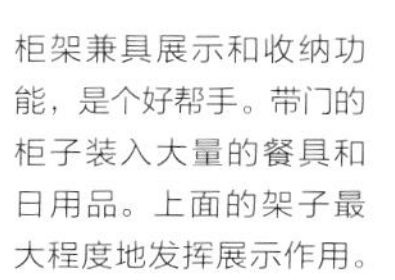

3

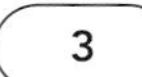

美观优雅的角落放置橱柜，橱柜中罗列着孩子的玩具，这是专门用来收纳的家具，收拾起来非常便利。

4

厨房的 L 形操作台，家电摆放在操作台下方。不完全暴露，使用起来也很方便。

5

将壁橱拉门换成木条板门，为了保持木条门打开时不影响美观性，添置了遮帘。

6

厨房里的主体柜架具有强大的存在感，其实这个柜架是由两个小开放的柜子组成，后置的胶合板门里面全是收藏的 CD。

HouseKeeping Goods

不用隐藏的 居家物品推荐

在生活用具中，如果说容易感到凌乱，扫除用具应当是最具有代表性的。
但也正因如此，一旦被隐藏起来，反而成为扫除的负担。
下面介绍一组可以放在室内的时尚用具，以及如何选择和制作等方法。

首先是不隐藏也可以的杂货性设计

重新装饰展现可爱的一面

剪纸粘贴在粘尘滚筒盒上，系上蕾丝带。只花一点小功夫，就变得美观优雅。（东京都·西田家）

1 在客厅的墙围处挂上扫除用具。这些用具在“打扮”上下了功夫，加工后看上去很可爱，也方便家人使用。
2 即使是洗碗用的海绵，也是可爱的造型。容器也是经过精心地挑选。（西田家）

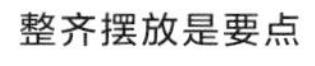

整齐摆放是要点

“整齐摆放”的手法在很多家庭被实践。不同的容器贴上相同的标签，统一毛巾颜色。仅仅如此，视觉效果得到大幅改善。

自制掸子很可爱

制作方法

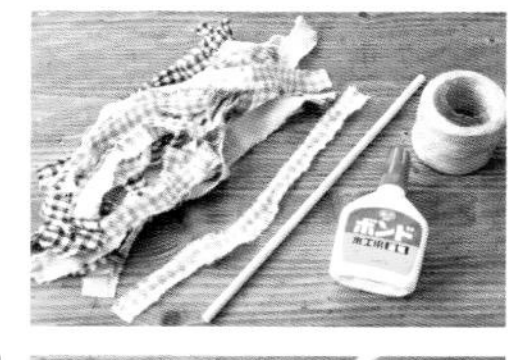

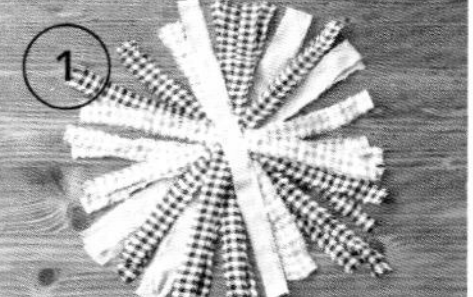

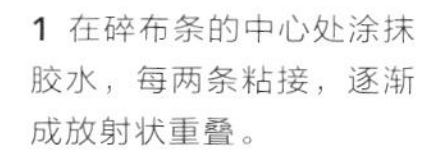

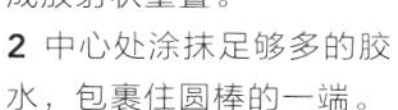

1 在碎布条的中心处涂抹胶水，每两条粘接，逐渐成放射状重叠。
2 中心处涂抹足够多的胶水，包裹住圆棒的一端。
3 在被包裹圆棒3cm处用麻绳系结实。
4 将布条翻过来整理后，再用麻绳系紧上端即可！

完成品见左侧照片，圆棒涂成白色的掸子。图片右侧的使用细支撑棒。支撑棒可以伸缩，伸长后可以够到高处。

清洁方法

使用小苏打清洁

小苏打对清理油污有效。将小苏打加水稀释后，用布头蘸上苏打水，便能擦洗粘在面板上的手印，同时对清理贴纸胶痕也有效。不锈钢制品放入苏打水中煮洗后冲洗，又变得亮晶晶，但不可以对铜和银制品使用。

蕾丝用小苏打煮

这是兵库县山口先生介绍的环保清洗法。蕾丝和亚麻放入加有小苏打的热水里煮几分钟清洗。小苏打遇热发泡，发泡对去除污渍有效果。用清水冲洗后在阴凉处晾干。

柠檬可以去除污渍和锈斑

谷氨酸具有天然去污的功能。约70℃的热水加入柠檬片，浸泡1小时。便能去除布类的污渍，如果是锈斑，直接用柠檬擦掉。因为是水果，使用在料理工具上较为安全。

用刷子刷掉篮筐的灰尘

篮筐的网眼部分很容易积攒灰尘。推荐使用硬质毛刷或者刷帚清理积攒的灰尘。如果篮筐数量多，应该定期进行清理。

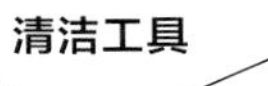

清洁工具

设计性和功能性都优秀

外包装也很美观的日用品

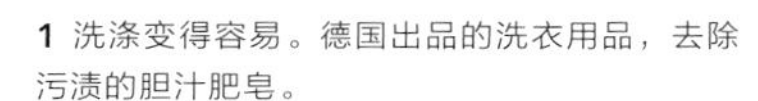

1 洗涤变得容易。德国出品的洗衣用品，去除污渍的胆汁肥皂。
2 洗涤用毛刷。
3 洗涤剂。
4 以“珍惜喜爱的物品，使用时间更长远”为理念，衣物和鞋的保养用品，清理保养膏。
5 美国研发的塑料保鲜膜和定量厚包装保鲜膜。一般超市里的保鲜膜也可以更换。外观别致，摆在厨房，不仅作为保鲜膜用，作为展示也很有魅力。762cm带转轴。
6 用于木家具，布艺沙发，玻璃制品等，纯植物性原料，清洗保养剂。
7 环保成分的住宅清洗剂，玻璃清洗剂。
8 适用水槽和不锈钢的，清洁膏（柠檬）。

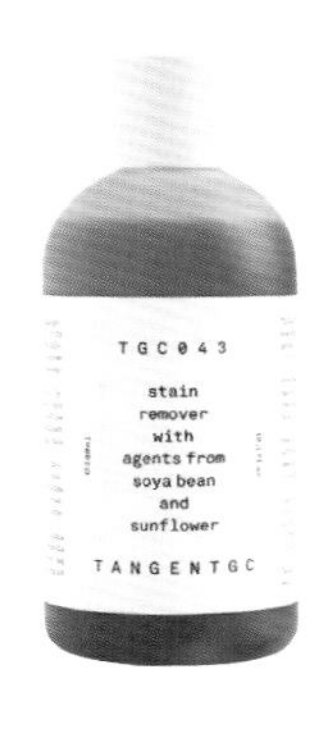

清洁工具

装饰性丝毫不亚于实用性

具有超高设计感的工具

1 提高卫生间品味的卫生间用毛刷套装。
2 可爱的刺猬型鞋刷，刷去鞋上的泥垢。
3 抹布水桶套装。
4 耐水性强的樱花木搓衣板，挂起来也很美观。小型搓衣板。
5 很受欢迎的的鸡毛掸子，50cm。
6 瑞典很有历史的公司生产的立地式扫把和簸箕套装。
7 设计优美的正负0无线吸尘器Y010。
8 轻便实用性强的充电式吸尘器CL105DWNI（象牙色）。
9 由工匠手工制作的簸箕。
10 如艺术品一般的扫把。

The key to display storage
开放式收纳之钥

在前面所提及的案例中，无论哪个家庭里都或多或少地利用盛放物品的容器来收纳日用品。选择容器的技巧在于想象，例如“放入那个东西的效果会更好吧”，毫不夸张地说这是最关键的。感觉恰到好处，其实是自然而然地对房间装饰的熟悉和适应。

这里介绍的是能够在网上买到，有利于收纳的用品。

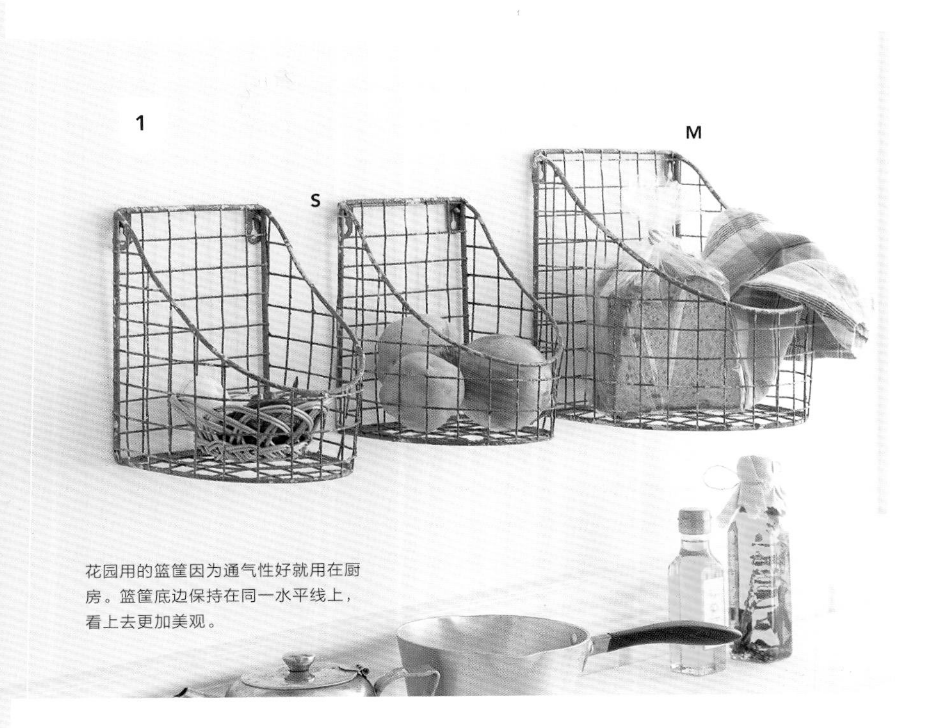

花园用的篮筐因为通气性好就用在厨房。篮筐底边保持在同一水平线上，看上去更加美观。

1 如果厨房中经常会有东西装不下，那么就推荐将篮筐挂在墙面上，篮筐里面装的东西一目了然。

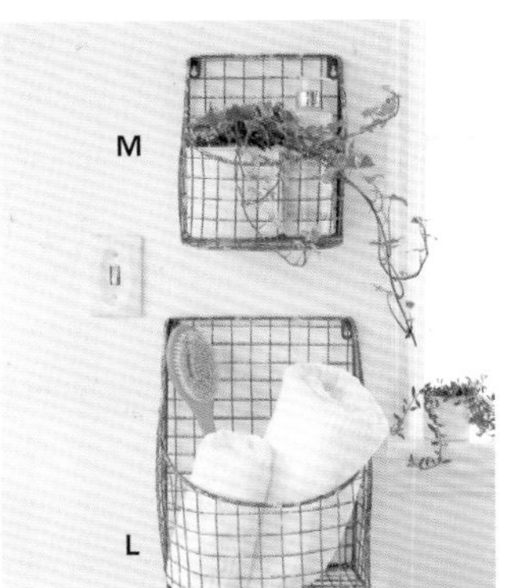

“开放式”篮筐

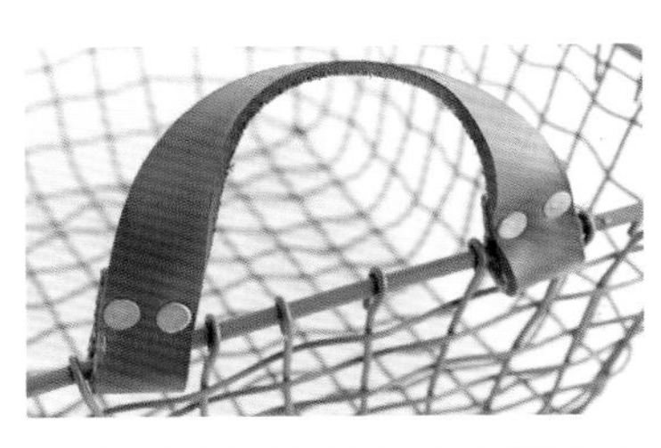

2 像波浪一样稍微曲折的金属线各自带有不同的表情。有一定的承载力，装入食材和餐具没有问题。带提手的篮筐可以代替抽屉使用，非常便利。

“可移动”篮筐

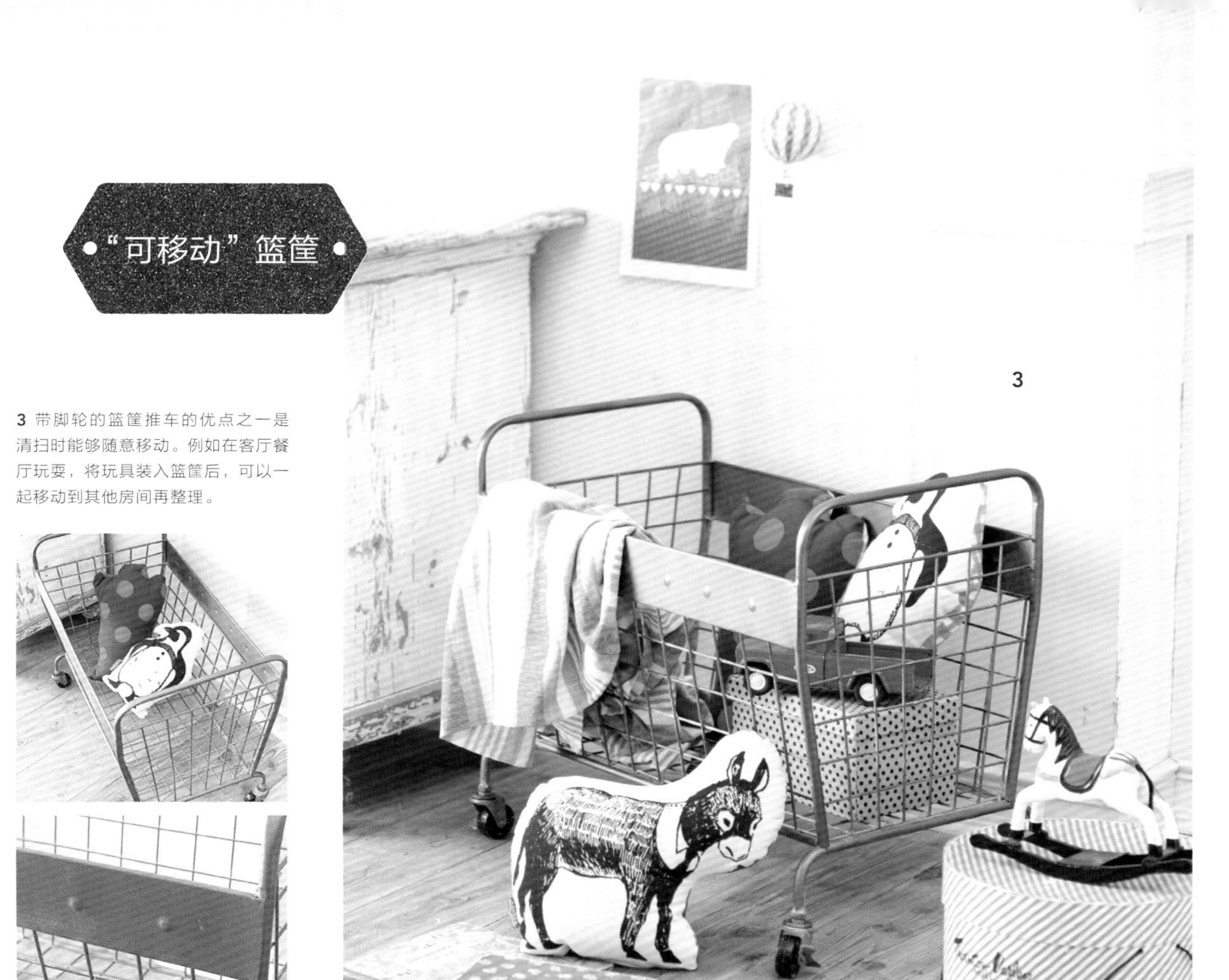

3 带脚轮的篮筐推车的优点之一是清扫时能够随意移动。例如在客厅餐厅玩耍，将玩具装入篮筐后，可以一起移动到其他房间再整理。

4 具有咖啡馆氛围的钢制推车，用来存放食材和工具。选择有品位的物品，在不使用时也可以作为装饰品摆放在外边，同时也让做家务变得更加顺利。

吊挂物品

2 收纳空间不足时，利用吊挂是一种解决方法。利用屋顶或者墙面吊挂物品，很有杂货店的风格，使用方便。而且随着物品增加，氛围也会越加浓郁。

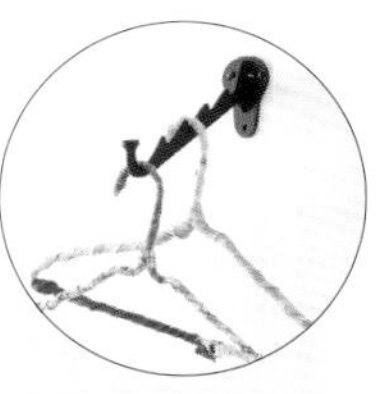

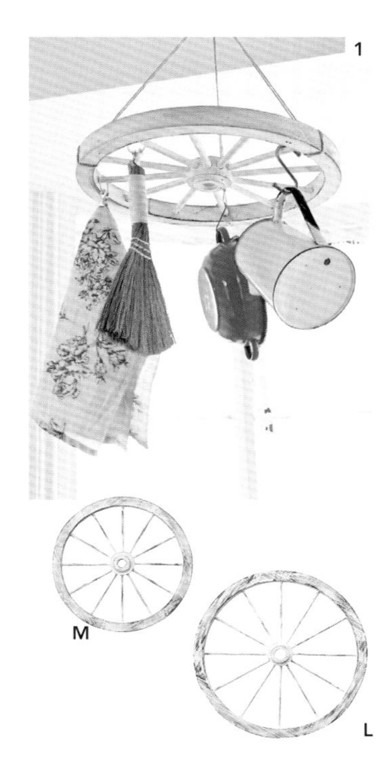

M

L

1 装饰墙壁木质车轮
直径40.5cm × 厚2.5cm
直径50cm × 厚3cm

2 铁制墙壁装饰盘
宽15.5cm × 长44cm 铁制

3 铁制衣架钩
宽6.5cm × 长15.5cm × 高8cm
铁制

工业风路由器盒

路由器盒

路由器等电子器材在考虑室内装饰品时容易被忽略。
这里选择与电视匹配的黑色盒。具有防尘效果，值得推荐。

玻璃制品有洁净感，整齐摆放，吸引眼球。量杯式玻璃杯很受欢迎，可以在里面竖着放餐具，或者插入绿植。

套装玻璃杯

玻璃量杯
L：长15.5cm × 宽10cm × 高22cm
M：长15cm × 宽10cm × 高15.5cm
S：长15.5cm × 宽10cm × 高13.5cm
玻璃制 ※不能作为食品容器

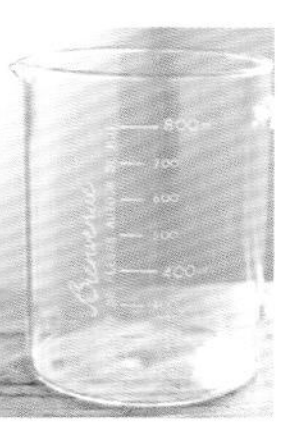

秘密的书形箱

复古风书形箱
A：黑白色巴黎
B：世界
C：舞会
长21cm × 宽14cm × 高3cm
使用PVC · MDF

书形箱子很受欢迎，是一个引人注目的收纳用具。竖立的书整齐摆放显现书架风格，直接放在架托上作为托板。箱子里面是被分类的照片或者购物卡。

便利的木箱

带脚轮的木箱L
长42cm × 宽30cm × 高30cm 松木

吊脚轮的木箱M
长33cm × 宽24.8cm × 高30cm 松木

对于可视化收纳而言，复古风格的木箱是不可或缺的存在。木箱带脚轮移动方便。侧面的间隙不但保证了良好的通气性，还能隐约看到里面东西，方便使用。

Epilogue
结束语

感谢您阅读本书。在本书中，介绍了许多有特色的家庭。不同家庭成员的构成，对室内装饰品的兴趣爱好不同，因此生活习惯千差万别。

但这些家庭有共通之处，
就是每天都会收拾整理居住空间。

哪怕能让生活轻松一点点，如果有了“这里改变一下，可能使用更方便”的想法，就不要拖延放弃，而是积极实践。
只有居住者本人才能体会到的细微不足，并通过自己的双手解决，让生活充满乐趣。

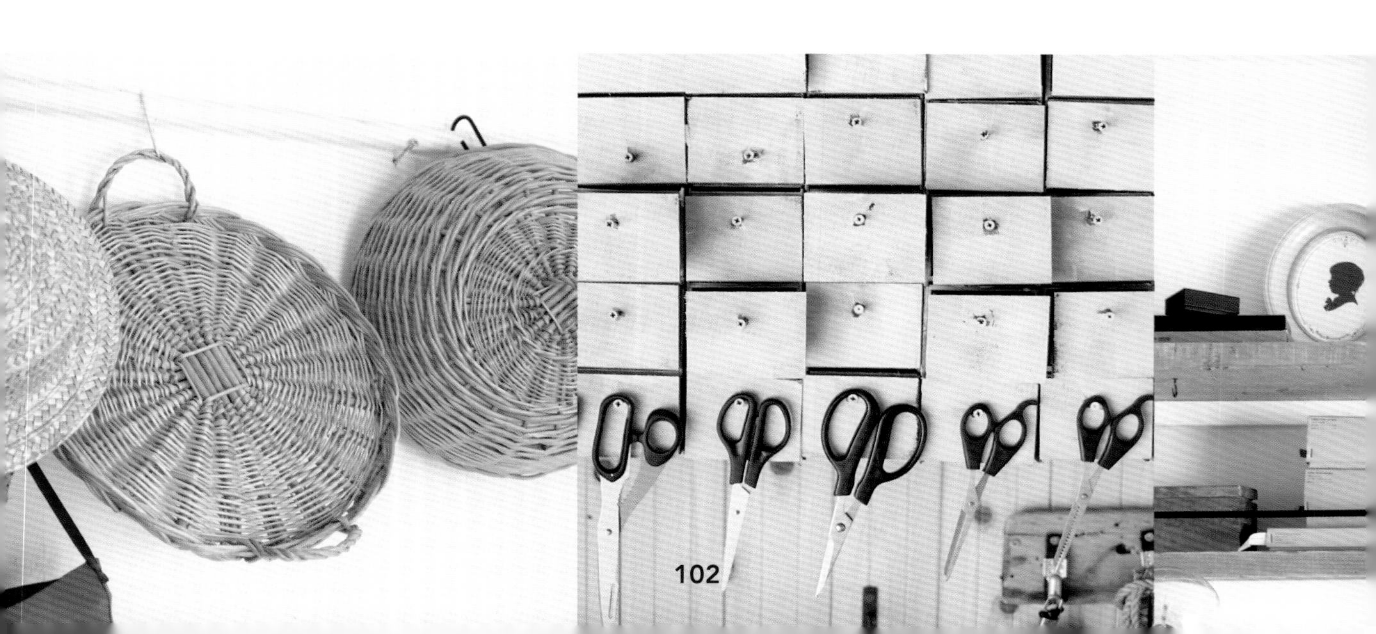

就连支柱与横梁之间的间隙都用来收纳，那些收纳充足的家庭根本不会产生这样的想法。
很多人都说，一旦开启动手模式，各种各样的想法便会不断涌现出来。

并不是尽可能地减少用品，以便让住居更加简约，而是让喜爱的用品环绕在自己周围。
“开放式收纳”是为了达到这个目的，
让居住者感到幸福的一种室内装饰的思维。

在本书中，哪怕只有一个对您有帮助的提示，我们就深感安慰。

图书在版编目（CIP）数据

家的模样. 日系美宅开放式收纳术 / 日本主妇与生活社编著；牛冰心，陈兵译. -- 北京：中国青年出版社，2019.9
ISBN 978-7-5153-5822-2

I. ①家… II. ①日… ②牛… ③陈… III. ①住宅-室内装饰设计 IV. ①TU241

中国版本图书馆CIP数据核字（2019）第202038号

版权登记号：01-2019-2937

家的模样. 日系美宅开放式收纳术

日本主妇与生活社 / 编著；牛冰心 陈兵 / 译

出版发行：中国青年出版社
地　　址：北京市东四十二条21号
邮政编码：100708
电　　话：（010）50856188 / 50856189
传　　真：（010）50851111
企　　划：北京中青雄狮数码传媒科技有限公司

责任编辑：张　军
策划编辑：石慧勤
封面设计：北京京版众谊文化有限公司

印　　刷：北京瑞禾彩色印刷有限公司
开　　本：787×1092 1/16
印　　张：6.5
版　　次：2020年2月北京第1版
印　　次：2020年2月第1次印刷
书　　号：ISBN 978-7-5153-5822-2
定　　价：49.80元

本书如有印装质量等问题，请与本社联系
电话：（010）50856188 / 50856189
读者来信：reader@cypmedia.com
如有其他问题请访问我们的网站：www.cypmedia.com